ANUEL DES S… ES PHYSIQUES

PAR DEMANDES & PAR RÉPONSES

A L'USAGE

DES CANDIDATS AUX BACCALAURÉATS

DE L'ENSEIGNEMENT CLASSIQUE & MODERNE

PAR F. TEMPESTINI

PHYSIQUE

PESANTEUR, CHALEUR, ACOUSTIQUE, OPTIQUE
ÉLECTRICITÉ, MAGNÉTISME

QUATRIÈME ÉDITION

Revue et corrigée.

PARIS
LIBRAIRIE CROVILLE-MORANT
RUE DE LA SORBONNE, 20, en face de la Sorbonne.

1893

MANUEL

DES

SCIENCES PHYSIQUES

OUVRAGES DU MÊME AUTEUR

MANUELS par demandes et par réponses :

—	d'histoire de France de 395 à 1270..	1 fr.
—	d'histoire de France, de 1270 à 1610.	1
—	d'histoire de France, de 1610 à 1789.	1
—	d'histoire de France, de 1789 à nos jours...........................	1
—	de géographie...................	1
—	d'histoire de la littérature française..	1
—	d'histoire des littératures grecque et latine...........................	1
—	des auteurs littéraires............	1 25
—	de philosophie..................	1
—	d'histoire de la philosophie.........	1
—	des auteurs philosophiques.........	1
—	de composition latine..............	1
—	de sciences physiques............	1
—	de chimie et d'histoire naturelle....	1

Tous ces Ouvrages, par demandes et par réponses, se trouvent à la librairie CROVILLE-MORANT.

MANUEL
DES
SCIENCES PHYSIQUES
PAR DEMANDES & PAR RÉPONSES

A L'USAGE

DES CANDIDATS AUX BACCALAURÉATS

DE L'ENSEIGNEMENT CLASSIQUE & MODERNE

PAR F. TEMPESTINI

PHYSIQUE
PESANTEUR, CHALEUR, ACOUSTIQUE, OPTIQUE
ÉLECTRICITÉ, MAGNÉTISME

QUATRIÈME ÉDITION
Revue et corrigée.

PARIS
LIBRAIRIE CROVILLE-MORANT
Rue de la Sorbonne, 20
(en face de la Sorbonne)

1893

PREFACE

Cette nouvelle édition a été complètement mise en rapport avec les nouveaux programmes des baccalauréats de l'enseignement classique et de l'enseignement moderne. Une longue pratique des examens oraux nous a indiqué les sujets les plus importants, c'est à eux que nous nous sommes attaché. Nous avons insisté surtout sur les principes et les définitions, c'est pourquoi nous espérons que ce manuel sera utile aux candidats.

PRÉLIMINAIRES

1. — Qu'est-ce que la physique?

C'est la science qui étudie les phénomènes généraux présentés par tous les corps ou par une classe de corps.

2. — En quoi diffère-t-elle de la chimie?

La chimie étudie spécialement les propriétés de chacun des corps, leur composition et leur action les uns sur les autres. Ainsi la *pesanteur*, phénomène commun à tous les les corps sera étudiée en physique; l'eau, sa composition, ses propriétés spéciales seront l'objet de la chimie.

3. — Quelles sont les propriétés essentielles de la matière?

L'étendue et l'impénétrabilité. Les autres propriétés découlent de ces deux premières.

4. — Qu'est-ce que l'étendue?

La propriété d'occuper une partie de l'espace.

5. — Qu'est-ce que l'impénétrabilité?

La propriété en vertu de laquelle deux corps matériels ne peuvent en même temps occuper la même partie de l'espace. Pour expliquer certains phénomènes on admet la porosité.

6. — Qu'est-ce que la porosité?

Une propriété de la matière consistant en ce que les éléments constitutifs des corps sont séparés par des intervalles inappréciables, même à l'aide des plus forts grossissements, et qu'on appelle pores.

7. — Quelles sont les propriétés conséquentes ?

La *divisibilité* : la matière étant étendue peut-être réduite en parties ; la *compressibilité*, la matière étant poreuse peut-être réduite à un volume moindre que celui qu'elle occupait primitivement ; *l'élasticité*, etc. Nous parlerons un peu plus loin de *l'inertie* et de la *pesanteur*.

8. — Sous quels états se présente la matière ?

Sous trois états bien définis : l'état solide, l'état liquide et l'état gazeux. Il existe des intermédiaires entre les solides et les liquides : état *pâteux* ; entre les liquides et les gaz ; il est même question d'un quatrième état, la matière *radiante*, mais toutes ces questions n'ont pas d'intérêt en physique élémentaire.

9. — Qu'est-ce qu'un solide ?

Un corps qui de lui-même conserve sa

forme et résiste plus ou moins énergiquement aux actions qui sont exercées sur lui.

10. — Qu'est-ce qu'un liquide?

Un corps dont les molécules composantes glissent les unes sur les autres ; il n'a par conséquent pas de forme propre et prend celle des récipients quelconques dans lesquels il est contenu, de plus il présente une surface libre.

11. — Qu'est-ce qu'un gaz ?

Un corps dont les parties composantes tendent à occuper un espace toujours plus grand que celui où elles sont contenues et a le remplir entièrement. Par conséquent il n'offre jamais de surface libre et il est d'autant plus compressible qu'il occupe, sous une même masse, un volume plus grand.

12. — Qu'appelle-t-on masse d'un corps ?

La quantité de matière contenue dans ce corps.

13. — Qu'entend-on par inertie ?

Une propriété de la matière en vertu de laquelle elle ne peut par elle-même ni se mettre en mouvement ni cesser ce mouvement.

14. — Comment énonce-t-on le principe de l'inertie ?

Quand aucune cause extérieure n'agit sur un point matériel, il conserve indéfiniment la même vitesse, en grandeur et direction, par rapport au système coordonné.

15. — Qu'entend-on par force ?

Toute cause capable de modifier l'état de repos ou de mouvement d'un corps. Une force est définie par son point d'application, sa direction, son sens et son intensité.

16. — Comment mesure-t-on les forces ?

Par l'effet qu'elles produisent sur un même corps. Ainsi deux forces sont égales quand elles produisent le même effet dans les mêmes circonstances. Dans la pratique on se sert de dynamomètres.

17. — Comment représente-t-on une force ?

Graphiquement par une ligne droite partant du point d'application de la force, suivant sa direction et son sens et ayant pour longueur autant de fois une unité de grandeur déterminée qu'elle contient l'unité de de force.

18. — Qu'appelle-t-on résultante de plusieurs forces ?

Une force unique qui a elle seule produirait les mêmes effets que toutes ces forces, qu'on appelle alors composantes, toutes ces forces ayant même point d'application.

19. — Comment trouve-t-on cette résultante ?

S'il n'y a que deux forces, par la règle du

parallélogramme des forces, savoir : On construit sur la représentation graphique des forces un parallélogramme et on mène la diagonale. Cette diagonale représente en grandeur et direction la valeur des composantes. La démonstration de ce théorème se fait en mécanique. S'il y a trois ou un plus grand nombre de forces, on applique la règle précédente de deux en deux forces et la résultante générale représente en longueur et direction la somme des composantes. C'est ce qu'on appelle le polygone des forces. Pour la démonstration nous renvoyons à un traité de mécanique.

20. — Qu'est-ce qu'un couple ?

Un système de deux forces égales parallèles et de sens contraire appliquées en deux points différents d'un même corps solide.

21. — Qu'appelle-t-on centre des forces parallèles ?

Quand on a remplacé plusieurs forces parallèles et de même sens appliquées à un corps solide, cette résultante, ainsi qu'il a été dit plus haut (n° 39), égale à la somme des valeurs des forces et parallèle à leur direction, est appliquée en un point déterminé du corps. C'est ce point qui est le centre des forces parallèles.

22. — Qu'entend-on par travail mécanique?

Le travail accompli par l'unité de force déplaçant son point d'application de l'unité de longueur. L'unité adoptée est le kilogrammètre représentant le travail accompli par une force de 1 kilogramme dont le point d'application se déplace de 1 mètre dans la direction de la force.

PESANTEUR

Equilibre des liquides et des gaz

23. — Qu'est-ce que la pesanteur ?

On appelle ainsi une force qui tend à diriger les corps vers la surface de la terre. Cette loi n'est qu'un cas particulier de la théorie de l'attraction universelle découverte par Newton et qui s'énonce : Les corps s'attirent proportionnellement au produit de leur masse et en raison inverse du carré de leur distance.

24. — Quelle est la direction de la pesanteur ?

Dans un même lieu la direction de la pesanteur est la même pour tous les corps pesants. On la détermine au moyen du fil à plomb, elle s'appelle la verticale du lieu et elle est perpendiculaire à la surface des liquides en équilibre dans le lieu, par conséquent perpendiculaire au plan tangent à la terre. Celle-ci étant à peu près sphérique, il en résulte que la verticale est un rayon e que la direction de la pesanteur passe par le centre de la terre.

25. — Qu'appelle-t-on poids ou gravité ?

La résultante des actions de la pesanteur sur toutes les parties d'un corps solide. Le point d'application de cette résultante s'appelle le CENTRE *de gravité* du corps. La géométrie enseigne le moyen de déterminer ce centre de gravité pour les corps qu'elle étudie, pour ceux qui n'ont pas de forme géométrique on le détermine expérimentalement en plaçant le corps dans plusieurs positions successives.

26. — Quelle est la conséquence de la gravité des corps ?

C'est leur chute : tout corps qui n'est retenu par aucune force contraire est attiré à la surface de la terre, c'est ce qu'on appelle la chute des corps. Elle ne s'effectue pas arbitrairement et on en a découvert les lois.

27. — Enoncer les lois de la chute des corps ?

1° Dans le vide tous les corps tombent avec la même vitesse. On vérifie expérimentalement cette loi au moyen du tube de Newton. — 2° Ils tombent d'un mouvement vertical et uniformément accéléré.

Or les règles du mouvement uniformément accéléré, qu'on démontre en mécanique, sont : 1° Les espaces parcourus sont proportionnels aux carrés des temps employés à les parcourir, loi représentée par la formule $e = \frac{1}{2}gt^2$, g étant la valeur de l'accélération due à la pesanteur au lieu de l'expérience ; 2° les vitesses sont proportionnelles aux temps employés à les obtenir, soit : $v = gt$. Nous supposons les corps tombant en chute libre sans vitesse initiale.

28. — Comment démontre-t-on ces lois ?

Au moyen de la machine d'Atwood et de l'appareil de Morin.

29. — Expliquez le principe de ces appareils ?

La machine d'Atwood a pour but de retarder la vitesse de chute des corps sans changer les lois du mouvement. Elle se compose essentiellement de deux poids égaux suspendus aux extrémités d'un même fil passant sur la gorge d'une poulie dont la résistance de frottement est réduite au minimum par une construction dont on trouvera le détail dans tous les traités de physique (1) — Ces poids égaux se font mutuellement équilibre. Si l'on charge l'un deux d'une masse additionnelle, le poids de cette force constante met le système

(1) Nous ne décrirons pas les instruments, car le cadre de ce petit résumé ne le permet pas. Nous indiquerons seulement le principe de l'appareil.

en mouvement, mais d'une manière assez lente pour qu'on puisse l'étudier à l'aide d'une horloge spéciale et d'une règle graduée. Les expériences confirment les formules établies en mécanique.

30. — Et l'appareil de Morin ?

Il permet d'étudier directement par un procédé graphique le mouvement d'un corps qui tombe en chute libre. L'appareil se compose d'un cylindre vertical mobile auquel on donne une vitesse uniforme et sur lequel est enroulée une feuille de papier graduée. Un poids portant un crayon dont la pointe s'appuie sur le papier tombe verticalement en chute libre et trace une courbe à l'aide de laquelle on déduit la loi du mouvement des corps.

31. — Quelles sont les conclusions de ces expériences ?

En outre des lois énoncées plus haut, il résulte que : 1° lorsque plusieurs forces constantes agissent successivement sur un même mobile les accélérations des mouvements uniformément variés qui en résultent sont proportionnelles à ces forces. (Loi de la proportionnalité des forces aux accélérations). 2° En un même lieu de la terre le poids est proportionnel à la masse, quelle que soit la nature du corps.

32. — Qu'est-ce qu'un pendule ?

Un corps qui peut osciller sur un axe horizontal. Tous les corps sont pesants, mais on prend pour construire un pendule ceux de ces corps qui, sous le même volume, offrent une plus grande masse. (métaux, etc).

33. — Qu'est-ce qu'un pendule simple ?

Une abstraction. Ce pendule se composerait d'un *point matériel* suspendu à l'extrémité d'un fil sans poids, inextensible et sans résistance de frottement. Les pendules qui servent aux expériences sont des pendules composés.

34. — Quelles sont les lois relatives au pendule ?

Dans un même lieu et pour un même pendule la durée des oscillations est indépendante de la valeur de l'amplitude pourvu que celle-ci soit très petite. 2° Pour un même pendule la durée des oscillations varie avec la latitude, elle augmente des pôles à l'équateur, elle augmente aussi avec l'altitude. 3° Dans un même lieu la durée d'oscillation des pendules simples de même longueur est indépendante de la matière dont sont composés ces pendules. 4° La durée des oscillations d'un pendule simple en un même lieu est directement proportionnelle à la racine carrée de sa longueur.

35. — Quelle est la principale conséquence de ces lois ?

De démontrer que l'intensité de la pesanteur n'est pas la même à toute la surface de la terre et qu'elle augmente des pôles à l'équateur.

36. — Quelles sont les applications du pendule ?

On l'emploie à régulariser le mouvement des horloges en vertu de l'isochronisme des oscillations. (Perfectionnement de Leroy et de Bréguet) — Foucault s'en est servi pour démontrer d'une façon très élégante le mouvement de rotation de la terre.

37. — Qu'est-ce que le poids d'un corps ?

C'est la résultante de l'action de la pesanteur sur les parties constituantes de ce corps, ou autrement dit sur son centre de gravité. Il est proportionnel, comme nous l'avons vu, à la masse du corps ; on le mesure au moyen de la balance.

38. — En quoi consiste une balance !

C'est une forme du pendule composé et par conséquent toutes les lois relatives au pendule lui sont applicables. Elle se compose essentiellement d'un fléau rigide, homogéne et aussi léger que le permet l'usage auquel est destiné l'instrument, chacune des extrémités tient en suspension un plateau dont l'un doit recevoir le corps à peser, et l'autre les poids qui lui font équilibre. Ce fléau oscille sur une barre fixe surmontée d'un couteau.

39. — Quelles sont les conditions d'une bonne balance ?

Une bonne balance doit être juste et sensible. La condition de justesse est réalisée par la parfaite égalité des bras du fléau et l'égalité de poids et des plateaux ; la condition de sensibilité par la longueur et la légèreté du fléau, par la proximité du centre de gravité et de l'axe de rotation, c'est-à-dire du couteau.

40. — Est-il possible de corriger dans la pratique les défauts d'une balance ?

Au moyen de la méthode de la double pesée inventée par Borda on peut obtenir une pesée exacte avec une balance inexacte.

41. — En quoi consiste la méthode de la double pesée ?

Dans l'un des plateaux d'une balance on met le corps à peser et dans l'autre de la grenaille ou du sable jusqu'à ce que l'équilibre soit établi. On retire alors le corps et on le remplace par des poids jusqu'à ce que l'équilibre s'établisse de nouveau. La masse des poids indique la pesanteur du corps.

42. — Enoncez le principe d'égalité de pression ?

Découvert par Pascal, il s'applique aux fluides. Toute pression exercée sur une portion de la surface d'un liquide ou d'un gaz se transmet dans toutes les directions avec la même intensité. Cette loi se vérifie au moyen d'un vase percé à différents endroits de trous cylindriques bouchés par des pistons. Si une pression se fait sur la surface, il faut faire le même effort sur chaque piston pour maintenir l'équilibre.

43. — Quelles sont les conditions d'équilibre des liquides ?

1° Que la surface libre soit horizontale ; 2° que la pression soit la même en tous les points de la même couche horizontale.

44. — Quelle est la pression exercée sur le fond et sur les parois des vases ?

Elle dépend de la surface de ce fond, de la hauteur du liquide et de sa densité. Elle est donc égale à une colonne liquide qui aurait pour base l'élément que l'on considère et pour hauteur, la hauteur même du liquide. La même loi s'applique à la pression latérale On voit que la forme du vase n'a aucune influence sur cette pression.

45. — Qu'est-ce que la presse hydraulique ?

C'est une application du principe d'égalité de pression. Elle se compose de deux cylindres verticaux de diamètres très inégaux, unis par un tube de communication, pleins d'eau et fermés par des pistons qui reposent sur la surface de l'eau. La pression exercée sur le petit cylindre se communique, en se multipliant, sous le piston de la grande, (en vertu du principe : les pressions sont proportionnelles aux surfaces) et l'élève *sous un plafond de pression*. Pour calculer, on se souviendra que les surfaces sont entre elles comme le carré des rayons.

46. — A quoi sert la presse hydraulique?

Dans l'industrie, à exprimer le jus de la betterave, des huiles de colza, d'olives, à presser le papier, le coton, à soulever des fardeaux très considérables, etc.

47. — Quel est le principe des vases communicants ?

Quand deux vases communiquent, si les liquides sont les mêmes, les niveaux libres sont sur un même plan horizontal ; quand ils sont différents, les hauteurs verticales sont en raison inverse de la densité des liquides.

48. — Quelles sont les application de ce principe ?

On l'applique 1° dans le niveau d'eau, instrument qui sert à déterminer la surface horizontale au lieu de l'expérience ; 2° dans l'alimentation des lampes dites *quinquets* ; 3° dans les écluses, les jets d'eau, les puits artésiens, etc.

49. — Qu'est-ce que le principe d'Archimède ?

Tout corps plongé dans un fluide subit de

bas en haut une pression égale au volume du fluide qu'il déplace. Or, il peut arriver trois cas : le poids du corps est plus considérable que celui du fluide déplacé : il *submerge* (le fer) ; le poids du corps est égal : *il immerge* (la cire) ; le poids du corps est le plus léger : *il émerge* (le liège). Ce principe se vérifie aisément par la balance dite hydrostatique (pour l'eau).

50. — Qu'entend-on par poids spécifique ?

On appelle poids spécifique absolu le poids de l'unité de volume d'un corps et poids spécifique relatif, le rapport qui existe entre la masse d'un corps et celle du même volume d'eau pure à 4 degrés. C'est de ce dernier qu'il est question en physique on le détermine par la balance, la méthode du flacon et les aréomètres.

51. — Qu'est-ce que les aréomètres ?

Ce sont des flotteurs (corps émergés) en métal ou en verre pouvant servir à déterminer la densité des liquides et même des solides, on les emploie dans l'industrie pour juger du degré de concentration des liqueurs salines, acides, sucrées, vins, alcools, etc.

52. — Q'est-ce que la densité d'un corps ?

C'est le rapport de la quantité de matière contenue dans un certain volume d'un corps avec la quantité de matière contenue dans le même volume d'un autre corps pris pour terme de comparaison (l'eau). La densité n'est que le poids spécifique dont nous avons parlé plus haut.

53. — Combien y a t il d'espèces d'aréomètres ?

Deux espèces : les aréomètres à volume constant et les aréomètres à poids constant Les premiers sont disposés de telle sorte qu'on puisse, en variant leur poids, obtenir l'*affleurement* dans l'eau ou dans les différents liquides, toujours au même point de repère (aréomètres de Nicholson et Fahrenheit). Les seconds gardent toujours le même poids, mais ils s'enfoncent plus ou moins dans le liquide, selon sa densite différente.

54. — Quel est le plus connu des aréomètres à poids constant ?

L'alcoomètre de Gay Lussac. C'est un tube, terminé par une boule, lesté de manière à plonger jusqu'au haut dans l'alcool pur, et plus ou moins au-dessous, selon que la liqueur contient plus ou moins d'eau : ce qu'indique d'ailleurs une graduation convenable.

55. — L'air est-il pesant?

Oui, l'air ainsi que tous les gaz sans exception. Galilée le démontra le premier (1640). On fait le vide dans un ballon et on le pèse; en faisant rentrer l'air, il devient plus lourd d'un peu plus d'un gramme par litre. L'expérience serait la même pour tout autre gaz.

56. — L'atmosphère exerce donc une pression sur la terre?

Oui, et les principes pour les liquides s'appliquent ici également. Ainsi toute surface sur la terre est pressée par un poids égal à une colonne qui aurait pour base la surface elle-même et pour hauteur, la hauteur même de l'atmosphère, 80 kil. environ. On démontre cette pesanteur par les expériences du crève-vessie et des hémisphères de Magdebourg.

57. — Quel est l'instrument propre à mesurer ce poids?

Le baromètre. Il se compose d'un tube d'environ $0^m 90$ de longueur et de un à deux centimètres de diamètre. On le remplit de mercure que l'on porte à l'ébullition pour en chasser l'air. On ferme ensuite le tube avec le doigt et on le renverse verticalement dans une cuvette pleine de mercure. L'excédant de mercure s'écoule du tube, et il reste en suspension une colonne d'environ 0^m76, à laquelle la pression atmosphérique fait exactement équilibre au lieu de l'observation.

58. — Connaissez-vous différentes sortes de baromètres?

Le baromètre ordinaire ou à cuvette; celui de Gay-Lussac, dit à siphon; le baromètre de Fortin, très facile à transporter mais d'un maniement délicat; il y a même un baromètre sans mercure (celui de Bourdon) qui accuse la pression de l'air par les changements de forme que subit un bourrelet métallique élastique, changements indiqués par une aiguille mobile sur un cadran. C'est ce qu'on appelle baromètre métallique. On le gradue par comparaison avec un baromètre à mercure. Très employé dans l'industrie, il ne peut pas servir pour des mesures de précision.

59. — Qu'est-ce que la loi de Mariotte?

C'est la loi du rapport du volume des gaz et de leur pression. A une même température, le volume d'une même masse de gaz est en raison inverse des pressions qu'elle supporte. Cette loi se vérifie facilement par l'expérience, à l'aide d'un très grand tube recourbé. Dans la plus petite branche fermée on introduit le gaz, que l'on comprime au moyen d'une ou de plusieurs hauteurs barométriques dans la plus longue.

60. — Cette loi est-elle utile dans l'industrie?

Oui, elle s'applique dans les manomètres, instruments propres à connaître la pression ou la force expansive de la vapeur. Il y a le manomètre à air libre; le manomètre à air comprimé et le manomètre métallique dont on se sert maintenant, et qui est fondé sur l'élasticité du métal, d'après le même principe que le baromètre métallique.

61. — Qu'est ce que la machine pneumatique?

Une machine propre à faire le vide sous une cloche. Elle a été inventée par Otto de Guéricke en 1663. Elle se compose d'un corps de pompe cylindrique communiquant par un conduit qui s'ouvre à sa base, avec un récipient; un robinet et un clapet ferment l'entrée de ce tube. Dans le cylindre, un piston à soupape ouvrant de dedans au dehors; le piston est mis en mouvement par une tige remontant au dehors. On met ordinairement deux cylindres afin que le jeu soit plus facile et le vide obtenu plus rapidement.

62. — Donnez la théorie de cette machine?

Quand le piston monte, la soupape inférieure s'ouvre; la soupape supérieure se ferme; et l'air de la cloche se répand dans le cylindre : quand le piston baisse, la soupape inférieure se ferme, celle du haut s'ouvre et l'air s'échappe. Au second coup de piston, la même manœuvre se renouvelle et l'air se raréfie de plus en plus jusqu'à une limite qu'il est impossible de dépasser quelle que soit la perfection de l'instrument, elle a pour cause l'*espace* nuisible.

63. — Qu'est-ce qu'une machine de compression?

C'est une pompe disposée comme la machine pneumatique, mais avec des soupapes s'ouvrant en sens inverse, c'est-à-dire du dehors au dedans. On s'en sert pour comprimer les gaz dans un récipient.

64. — Qu'est-ce qu'une pompe?

C'est une machine à élever l'eau et où la pression atmosphérique joue le rôle de force motrice.

65. — Combien y a-t-il de sortes de pompes ?

1° Les pompes aspirantes simples ; 2° les pompes foulantes; 3° les pompes à la fois aspirantes et foulantes, qui ne sont que la combinaison des deux premières.

66. — De quoi se compose une pompe aspirante simple?

1° D'un corps de pompe; 2° d'un piston disposé exactement comme dans la machine pneumatique; 3° d'un tuyau d'aspiration plongeant verticalement dans la nappe d'eau; 4° d'une soupape dormante à l'orifice supérieur de ce tube, au fond du corps de pompe.

67. — De quoi se compose une pompe foulante?

1° D'un corps de pompe plongeant dans l'eau, sans tuyau d'aspiration; 2° d'un piston sans soupape; 3° près du fond du corps de pompe, un tuyau latéral d'élévation muni d'une soupape s'ouvrant du corps de pompe dans le tuyau.

68. — De quoi se compose la pompe aspirante et foulante?

Comme la pompe foulante, mais elle a en plus, comme la pompe aspirante, un tuyau d'aspiration et un piston avec soupape.

69. — Comment expliquez-vous l'ascension de l'eau?

Le piston monte, le vide se fait dans le corps de pompe et l'eau s'élève en soulevant la soupape à clapet par l'effet de la pression atmosphérique. Le piston, en descendant, chasse l'eau dans le tuyau d'élévation ou l'élève lui-même, s'il est muni d'une soupape.

70. — Qu'est-ce qu'un siphon?

Un tube à deux branches inégales en forme d'un U renversé. La plus petite plonge dans le liquide à transvaser ; l'autre dans le vase qui doit le recevoir ; on fait le vide ; le liquide monte par la pression atmosphérique et, à cause de l'inégalité des branches, il s'écoule par la plus longue. Une fois amorcé le siphon coule indéfiniment jusqu'à ce qu'il ne reste plus de liquide.

71. — Qu'est-ce qu'un aérostat?

Un corps plongé dans l'air et qui, en vertu du principe d'Archimède, déplaçant un volume d'air d'un poids plus considérable que le sien propre, s'élève avec une poussée égale à la différence.

72. — Qu'est-ce qui rend l'aérostat plus léger que l'air ?

On le remplit de gaz hydrogène dont la densité est environ quatorze fois moindre que celle de l'air ; ou de gaz d'éclairage dont la densité est plus grande que celle de l'hydrogène mais qu'il est plus facile de se procurer et qui diffuse beaucoup moins que l'hydrogène.

CHALEUR.

73. — Qu'est-ce que la chaleur ?

C'est l'agent physique ou chimique qui produit en nous les sensations de chaud et de froid, qui fait fondre les corps, les volatilise, les dilate et intervient dans la plupart des réactions chimiques.

74. — Quelles sont les sources de la chaleur ?

Le soleil, le frottement, la percussion, la combustion et en général les actions chimiques.

75. — Qu'est-ce que la température d'un corps ?

Les états par lesquels il passe quand il s'échauffe ou se refroidit.

76. — Quel est l'effet immédiat de l'élévation de température ?

C'est la dilatation linéaire, c'est-à-dire en longueur, et cubique, c'est-à-dire de tout le corps. Sa valeur varie suivant les corps.

77. — Comment montre-t-on que les corps se dilatent ?

1° Pour les solides, par l'anneau de S'Gravesand. Une boule froide passe par cet anneau ; chaude, elle ne peut plus passer. On applique cette propriété au ferrement des roues de voiture ; on peut aussi se servir du pyromètre à cadran ; 2° pour les liquides, on emploie le thermomètre.

78. — Qu'est-ce que le thermomètre?

C'est un instrument contenant un corps qui indique, par les variations de son volume, les variations de la température. Il se compose d'un tube capillaire soudé à une boule de fort calibre, contenant un liquide, du mercure ou de l'esprit de vin.

79. — Comment gradue-t-on le thermomètre?

On le met successivement dans la glace fondante et dans la vapeur d'eau bouillante, deux points fixes qui conservent toujours la même température. On désigne ces points par 0 et par 100 ou 80, selon que c'est un thermomètre centigrade ou de Réaumur, et on divise l'intervalle en parties d'égal volume.

80. — Qu'est-ce que le thermomètre de Fahrenheit?

C'est le thermomètre usité en Angleterre. Il ne diffère des autres que par sa graduation. La température de la glace fondante est marquée 32° et celle de l'eau bouillante 212°.

81. — Qu'entend-on par bons ou mauvais conducteurs de la chaleur?

Les corps qui s'échauffent plus ou moins facilement. Les métaux sont de bons conducteurs; le verre, la porcelaine, le bois, sont de mauvais.

82. — Qu'appelle-t-on coefficient de dilatation cubique d'un corps?

L'accroissement de volume que subit la masse d'une substance homogène occupant l'unité de volume à 0° quand elle passe de 0° à 1 degré.

83. — Quelles en sont les applications?

La densité d'une substance homogène varie en raison inverse du binôme de dilatation. Application à la recherche du coefficient de dilatation absolue, au maximum de densité de l'eau, aux corrections barométriques.

84. - Qu'est-ce que la densité d'un gaz?

C'est le rapport qui existe entre le poids d'un certain volume de ce gaz et celui d'un même volume d'air mesuré à la même température et sous la même pression. Regnault l'a déterminé en remplissant un ballon, dans lequel il avait fait le vide, successivement d'air et de gaz. Grâce à l'artifice du ballon-tare, il a évité les causes d'erreur dues à la poussée et à l'humidité entre les expériences, et a obtenu comme résultat $a = 0,001293$.

85. — Qu'est-ce que la chaleur spécifique?

C'est la quantité de chaleur nécessaire pour élever la température de l'unité de poids d'une substance de 0 à 1°.

86. — Qu'appelle-t-on calorie?

La quantité de chaleur nécessaire pour élever un kilogramme d'eau de 0 à 1°, ou encore la quantité de chaleur dégagée par 1 kilogramme d'eau qui se refroidit de 1°.

87. — La chaleur est-elle une force?

Oui, et peut-être la plus grande qui existe; aussi peut-on évaluer son travail comme celui de toute autre force.

88. — A quoi équivaut une calorie?

Une calorie équivaut à 425 kilogrammètres, c'est-à-dire qu'il faut dépenser la force de six chevaux-vapeur pour échauffer un kilogramme d'eau d'un seul degré seulement. Un cheval-vapeur est la force qui élève en une seconde un kilogramme à 75 mètres, ou 75 kilogrammes à un mètre. Il y a donc, comme on voit, un rapport entre la production de la chaleur et le travail, et entre le travail et la dépense de chaleur.

89. — Qu'est-ce que la fusion?

C'est le passage d'un corps de l'état solide à l'état liquide sous l'action de la chaleur. Il absorbe de la chaleur, inappréciable par le thermomètre, dite *latente* ou dynamique.

90. — Quelles sont les lois de la fusion?

1° La température de fusion est fixe pour les mêmes corps pourvu que la pression soit la même ; 2° pendant toute la durée de la fusion, le mélange du solide et du liquide conserve une température invariable quelles que soient les causes de réchauffement extérieur.

91. — Qu'est-ce que la solidification?

C'est le phénomène contraire de la fusion, c'est-à-dire le passage d'un liquide à l'état solide. Il émet de la chaleur latente. Les lois sont les mêmes, sauf dans la surfusion, c'est-à-dire dans les cas où on peut amener un corps au-dessous du point de fusion sans amener la solidification. Ces modifications sont en général accompagnées d'un changement dans le volume du corps.

92. — Qu'est-ce que la dissolution?

Le phénomène dans lequel un corps solide se fond dans un liquide, comme le sucre dans l'eau, le camphre dans l'alcool. Les gaz eux-mêmes peuvent se dissoudre dans l'eau.

93. — Qu'est-ce que la chaleur de fusion ?

C'est la chaleur nécessaire et constante pour fondre un corps ; elle dépend de la nature de ce corps et des circonstances dans lesquelles s'opère la fusion.

94. — Qu'entend-on par mélanges réfrigérants ?

Ce sont des mélanges de corps solides qui, mis en contact les uns avec les autres, se liquéfient mutuellement par l'affinité de dissolution ; mais comme un corps qui se liquéfie a besoin de beaucoup de chaleur (chaleur latente), il se produit un abaissement considérable de température. Ainsi, *la neige et le sel marin ; la neige et du chlorure de calcium hydraté.*

95. — Comment se comporte un liquide dans le vide ?

Il se vaporise. On peut faire cette expérience dans le vide barométrique ou sous la cloche pneumatique.

96. — Qu'entend-on par vapeurs saturantes ?

C'est une quantité de vapeur telle que dans le même espace et à la même température, il ne peut s'en produire de nouvelle. On le démontre facilement dans le vide barométrique. On dit encore qu'une vapeur est saturante quand, à une certaine température, elle a sa *tension maxima* ; elle n'est pas satur ante, dans le cas contraire.

97. — Qu'entend-on par maximum de tension ?

La tension d'un gaz est sa force élastique ; elle est maxima quand, à la même température, elle ne peut plus augmenter. Dans le vide barométrique, la vapeur produite par un liquide introduit, abaisse la colonne mercurielle. Cet abaissement mesure sa tension. Elle augmente avec la température.

98. — La vapeur se forme-t-elle dans les gaz ?

Oui, en présence d'un mélange gazeux quelconque, la vapeur se forme et prend la même tension maxima et la même densité que si elle se formait dans le vide. En général les gaz peuvent être considérés comme les vapeurs de certains corps. On a réussi à les liquéfier.

99. — Qu'entend-t-on par état hygrométrique?

C'est la plus ou moins grande quantité de vapeur d'eau contenue dans l'air. Rigoureusement, c'est le rapport de la force élastique de la vapeur contenue dans un volume quelconque d'air à la force élastique maxima pour la même température et à la même pression.

100. — Comment mesure-t-on cette vapeur dans l'air ?

Par des hygromètres fondés l'un sur les changements de longueur qu'éprouvent les cheveux, suivant qu'ils sont en contact avec un air plus ou moins humide, les autres sur des procédés de condensation ou sur des procédés chimiques.

101. — Qu'est-ce que la rosée ?

C'est le dépôt des goutelettes d'eau qui se forme sur les corps exposés au refroidissement produit par le rayonnement de la terre pendant la nuit. Elle a lieu au printemps et en automne, elle est d'autant plus abondante que le ciel est plus clair.

102. — Qu'est-ce que le givre ?

C'est de la rosée gelée sur place.

103. — Qu'est-ce que le serein ?

C'est un brouillard fin qui tombe quelquefois sans qu'on aperçoive aucun nuage au ciel. L'air, pendant l'été, est chargé de vapeur à une certaine tension ; l'abaissement de la température le soir ne concorde plus avec cette tension et une partie de la vapeur se condense.

104. — Comment expliquez-vous le brouillard ?

Il se forme, comme le serein, dans un air chargé de vapeur, quand celui-ci atteint un degré de froid assez grand pour faire retourner une partie de cette vapeur à l'état liquide, sous forme de gouttelettes restant en suspension dans l'air.

105. — Expliquez la pluie ?

La pluie est l'effet d'une condensation de la vapeur répandue dans l'air assez forte pour que les molécules de cette vapeur se réunissent en gouttes d'eau au milieu même de l'atmosphère, en sorte que celle-ci ne pouvant plus les soutenir, les abandonne à leur pesanteur.

106. — D'où provient la neige ?

D'une précipitation semblable à celle qui détermine la pluie ; mais dans laquelle l'eau est réduite en très petits globules qui se congèlent au milieu d'un air froid, se réunissent et tombent en formant une espèce d'étoile à six rayons.

107. — Quelle est la cause des vents ?

La plus puissante est la prompte condensation des vapeurs dans le sein de l'atmosphère, qui produit un vide considérable, lequel est rempli de suite par l'air ambiant. Une seconde cause est l'influence de la température.

108. — Qu'entend-on par vents alizés ?

Ce sont des courants constants et réguliers allant des pôles à l'équateur et qui sont produits par la différence entre la température de l'équateur et celle des pôles.

109. — Qu'est-ce que les « moussons »?

Des vents périodiques qui soufflent dans la mer des Indes et qui sont produits par la différence entre la température de la partie méridionale de l'Afrique et celle du continent de l'Asie.

110. — Quelle est la vitesse du vent?

Elle varie de 1 à 2 mètres par seconde, jusqu'à 30 ou 40 mètres. On l'évalue au moyen de l'anémomètre, moulinet qui fait marcher un compteur.

111. — Qu'entend-on par évaporation?

C'est la production de vapeur à la surface libre d'un liquide. Le froid en est la conséquence (frictions d'eau de Cologne, d'éther, vaporisateurs, etc.)

112. — Qu'est-ce que l'ébullition?

C'est la production de vapeur dans la masse d'un liquide sous forme de bulles qui viennent crever à sa surface.

113. — Quelles sont les lois de l'ébullition?

1° Dans les mêmes conditions extérieures, la température d'un liquide mis en ébullition est toujours la même; 2° pendant tout le temps que dure l'ébullition, la température du liquide reste constante.

114. — Quelles sont les causes qui font varier l'ébullition?

1° C'est la pression extérieure. Ainsi l'eau bout à une température plus basse sur les montagnes que dans la plaine. Une pression supérieure l'empêche de bouillir (marmite Papin) ; 2° plus un liquide est dense et plus le degré d'ébullition est élevé (le sel qu'on met dans l'eau pour cuire les légumes).

115. — Qu'entend-on par chaleur de vaporisation ?

C'est la chaleur latente nécessaire pour convertir le liquide en vapeur. Cette chaleur est dépensée, quelle que soit la manière dont le liquide s'évapore, soit seulement par la surface libre (évaporation) soit dans l'intimité de sa masse (ébullition).

116. — Qu'est-ce que la distillation ?

C'est une opération qui a pour but de séparer un principe volatil des principes fixes ou beaucoup moins volatils auxquels il se trouve mêlé. L'appareil se compose d'une cucurbite, à col de cygne, et d'un serpentin où s'opère la condensation des principes volatils.

117. — Quel est le principe des machines à vapeur ?

C'est la tension qu'éprouve la vapeur quand elle est renfermée. Ce phénomène a été indiqué pour la première fois par Papin. La vapeur est devenue dès ce moment une force motrice dont les applications se sont développées d'une façon prodigieuse dans ce siècle.

118. — Comment s'applique cette force dans une machine à vapeur ?

Toute machine à vapeur se compose essentiellement d'un cylindre muni d'un piston. Sur le côté du cylindre se trouve un tiroir par où vient la vapeur. Le tiroir est ajusté de manière que, dans son mouvement, il permet à cette vapeur tantôt de se détendre au-dessous du piston pour le faire monter, tantôt au-dessus pour le faire descendre. Ce mouvement de va et vient se transmet par une tige et une manivelle à la machine dont on veut obtenir le travail. Il va sans dire qu'il existe une chaudière où se forme la vapeur.

119. — Y a-t-il plusieurs espèces de machines ?

Oui, la machine à simple effet ou à double effet de Watt selon que la vapeur produit seulement le mouvement de descente, ou le mouvement de descente et d'ascension du piston.

120. — Qu'appelle-t-on condenseur ?

Une enceinte close ne renfermant que de l'eau froide. On la met en communication avec la partie du corps de pompe qui ne communique pas avec la chaudière. La vapeur d'eau contenue dans ce corps de pompe, prend presque immédiatement la température du condenseur, elle n'offre plus de résistance au piston et par suite la résultante des forces qui poussent le piston en est augmentée.

121. — Qu'appelle-t-on détente ?

L'augmentation de volume de la vapeur d'eau emprisonnée dans le cylindre quand on interrompt la communication avec la chaudière et qui contribue à pousser le piston on obtient ainsi pour un même poids de vapeur un effort plus considérable pourvu que la détente ne soit pas trop prolongée.

ACOUSTIQUE

122. — Comment le son se produit-il?

Un son quelconque est toujours produit par un mouvement vibratoire isochrone. Ex. vibration d'une tige, d'une corde, d'un timbre, de la colonne d'air d'un tuyau.

123. — Comment le son se propage-t-il?

Le son se propage par un milieu gazeux, un liquide, ou même par un intermédiaire solide; mais il ne se propage pas dans le vide comme on le voit en faisant sonner un timbre sous la cloche d'une machine pneumatique.

124. — Quelle est la vitesse du son?

Dans l'air, il parcourt 337 mètres par seconde. Dans les liquides, il va plus vite, plus vite encore dans les solides. C'est ce qu'ont démontré les expériences de Villejuif et Montlhéry pour l'air, du lac de Genève pour l'eau.

125. — Qu'entend-on par réflexion du son?

La propriété que possèdent les vibrations sonores de se réfléchir, quand elles rencontrent un obstacle, suivant les mêmes lois que la lumière qui rencontre un miroir plan.

126. — Qu'est-ce que l'écho?

La conséquence de la réflexion du son. Les sons réfléchis se font entendre dans la direction de la vibration refléchie à un intervalle en rapport avec la distance de la surface réfléchissante, c'est l'écho.

127. — Quelles sont les qualités du son?

L'intensité qui vient de l'amplitude des vibrations sonores; la hauteur qui tient au nombre de ces mêmes vibrations, et le timbre qui dépend des sons concomitants et accessoires du ton principal (harmoniques).

128. — Qu'entend-on par intervalles musicaux?

On appelle intervalle de deux sons le rapport du nombre de vibrations qui leur correspondent dans des temps égaux.

129. — Qu'entend-on par gamme?

On donne le nom de gamme à une série de sons ou notes, au nombre de sept, et dont les intervalles sont rigoureusement déterminés; ce sont : ut, ré, mi, fa, sol, la, si. On recommence à une hauteur double.

130. — Quel est le rapport de ces différentes notes?

Si l'on prend l'unité pour représenter l'ut ou la tonique, on aura 1, $\frac{9}{8}$, $\frac{5}{4}$, $\frac{4}{3}$, $\frac{3}{2}$, $\frac{5}{3}$, $\frac{15}{8}$, 2.

131. — Qu'appelle-t on accord parfait?

Un accord parfait est une consonnance

formée par la réunion de trois notes : la tonique, sa tierce et sa quinte : ut, mi, sol, par exemple; les autres notes forment l'accord imparfait.

132. — Qu'appelle-t-on vibrations des cordes?

Les oscillations exécutées par une corde tendue entre deux points fixes.

133. — Quelles en sont les lois?

Le nombre des vibrations dans l'unité de temps est : inversement proportionnel à la longueur de la corde; inversement proportionnel au rayon de la corde, et à la racine carrée de la densité de la substance qui compose la corde; directement proportionnel à la racine carrée de la tension de la corde.

134. — Qu'appelle-t-on harmoniques?

Des sons correspondant au son fondamental dans le rapport de 1, 2, 3, etc. Quand une cloche vibre dans son entier, elle rend un son; quand elle vibre par parties aliquotes elle rend, outre le son fondamental, des sons harmoniques de celui-ci et d'autant plus aigus qu'il y a plus de nœuds vibratoires.

134 *bis*. — Qu'entend-on par tuyaux sonores?

Des tuyaux en bois ou en métal que l'on met en vibration en y amenant de l'air, soit au moyen d'une soufflerie (orgues), soit au moyen de la bouche (instruments de musique).

134 *ter*. — Qu'est-ce que le phonographe ?

C'est un instrument inventé par Edison et fondé sur les vibrations des membranes. Les sons produits en face de la membrane de l'appareil la font vibrer et actionnent un style qui forme un tracé sur un cylindre qu'on fait mouvoir au moyen d'une manivelle taillée en pas de vis. Pour reproduire les sons, on ramène le cylindre au point de départ, on replace le style et les dépressions causées par lui sur le cylindre, se reproduisent sur la membrane qui répètent exactement les sons qu'on lui a confiés.

OPTIQUE

135. — Qu'est-ce que la lumière?

C'est l'agent physique qui produit sur le nerf optique la sensation lumineuse.

136. — Qu'appelle-t-on corps lumineux?

Ce sont ceux qui émettent par eux-mêmes la lumière; une température incandescente rend un corps lumineux. Les principales sources sont le soleil, les étoiles et les corps rendus incandescents par la chaleur, l'électricité, les actions chimiques.

137. — Qu'entend-on par corps diaphane, translucide, opaque?

Un corps qui laisse passer la lumière de manière à permettre de voir les objets est diaphane; il est translucide quand il ne laisse passer que la lumière et opaque quand il l'arrête.

138. — Comment la lumière se propage-t-elle?

Dans un milieu homogène, elle se propage en ligne droite, comme on peut s'en convaincre en mettant sur la même horizontale trois écrans percés d'un trou à la même hauteur.

139. — Quelles sont les théories émises sur la lumière?

Longtemps on a pensé que la lumière venait par *émission* du soleil et des autres foyers; l'impossibilité d'expliquer certains phénomènes a fait abandonner cette hypothèse pour adopter celle de l'ondulation. La lumière ne serait que l'effet du mouvement vibratoire d'une substance excessivement subtile, appelée éther.

Cependant pour simplifier l'explication de certains phénomènes, on parle souvent comme si la lumière était émise par les corps, sans cependant préjuger rien de contraire à la théorie du mouvement vibratoire.

140. — Qu'appelle-t-on ombre?

C'est la partie non éclairée située derrière un corps opaque et mesurée par des lignes droites allant du foyer de lumière aux extrêmes contours du corps opaque.

141. — Qu'est-ce que la pénombre?

C'est un espace situé dans l'ombre par rapport à certains points lumineux qui sont interceptés, mais dans la lumière, par rapport à d'autres qui l'éclairent. En d'autres termes, c'est une ombre éclaircie en partie.

142. — Qu'est-ce que la réflexion et quelles en sont les lois?

La réflexion consiste en ce que tout rayon tombant sur une surface polie est renvoyé :

1° dans le même plan, et 2° en faisant un angle de réflexion égal à l'angle d'incidence. Ces lois se vérifient facilement au moyen de l'appareil de Silbermann. Un miroir est fixé horizontalement au centre d'un cercle vertical gradué. On fait tomber sur lui un rayon de lumière sous un certain angle; on le voit se réfléchir de l'autre côté sous le même angle et dans le même plan. Il y a cependant un rayon qui ne réfléchit pas, c'est celui qui est perpendiculaire à la surface du miroir. Une autre méthode plus exacte est celle de la cuve à mercure.

143. — Appliquez ces lois au miroir plan?

Si l'on place un objet devant un miroir plan, on obtient une image symétrique paraissant placée derrière le miroir, à une distance égale à celle de cet objet au miroir.

144. — Appliquez ces mêmes lois à deux miroirs?

Quand les miroirs sont parallèles, l'œil aperçoit un nombre infini d'images derrière chacun de ces miroirs; si les deux miroirs font entre eux un certain angle, l'œil n'aperçoit qu'un nombre d'images limité.

145. — Qu'entend-on par miroirs sphériques?

Ce sont des miroirs dont la surface réfléchissante peut être considérée comme faisant partie d'une sphère. Ils sont concaves ou convexes, selon que la face réfléchissante est la face *intérieure* ou *extérieure* de la portion sphérique.

146. — Comment s'opère la réflexion dans ces miroirs?

Comme sur une surface plane en considérant au point d'incidence le plan tangent substitué à l'élément de surface courbe.

147. — Quels sont les éléments à considérer dans les miroirs concaves?

1° Le *centre*, qui est le centre même de la sphère sur laquelle le miroir a été pris; 2° le *foyer principal*, qui est le point où viennent se concentrer les rayons d'un point situé à l'infini; 3° les *foyers conjugués* qui sont deux points, l'un lumineux situé sur l'axe au-delà du centre, et l'autre, son image, situé entre le foyer principal et le centre. On les appelle *conjugués* parce que ce sont des positions réciproques; 4° enfin le foyer *virtuel*, qui est l'image du point derrière le miroir.

148. — A quoi servent ces éléments?

A connaître la position de l'image d'un objet placé devant un miroir concave. 1° Est-il au-delà du centre, il aura une image réelle, renversée, plus petite, et placée entre le centre et le foyer principal; 2° est-il au centre, il aura une image réelle, renversée égale et située au centre; 3° est-il placé entre le centre et le foyer principal, il aura une image, réelle, renversée, plus grande et située au-delà du centre ; 4° enfin est-il entre le foyer et le miroir, son image sera virtuelle, droite, plus grande et derrière le miroir. Toutes ces lois se vérifient aisément par des constructions graphiques.

149. — Quelles sont les lois des miroirs convexes ?

D'abord toutes les images sont virtuelles. Pour les déterminer, on mène des extrémités de l'objet deux perpendiculaires qui se réunissent évidemment derrière le miroir. Puis on mène des mêmes points des parallèles à l'axe principal et on établit les angles de réflexion. Si l'on prolonge le côté à l'intérieur du miroir, les points où ces prolongements rencontreront les perpendiculaires seront les points extrêmes de l'objet.

150. — Qu'est-ce que la réfraction ?

C'est la déviation que subissent les rayons lumineux en passant d'un milieu dans un autre de densité différente.

151. — Quelles sont les lois de la réfraction ?

1° Le rayon incident et le rayon réfracté sont dans le même plan; 2° quel que soit l'angle d'incidence, il existe un rapport constant entre le sinus de cet angle et le sinus de l'angle de réfraction ; 3° Le rayon en pénétrant d'un milieu moins dense dans un milieu plus dense se rapproche de la normale ou perpendiculaire au plan tangent ; il s'en écarte dans le cas contraire. Cette différence est constante pour chaque milieu et l'angle qu'elle forme avec la normale s'appelle l'*indice* de réfraction du milieu.

152. — Quels sont les phénomènes expliqués par la réfraction ?

Un objet dans l'eau paraît se relever : un bâton paraît brisé ; les astres paraissent à une hauteur au-dessus de l'horizon plus grande que leur hauteur réelle ; ils sont visibles avant leur lever réel et après leur coucher ; enfin on explique le mirage, par l'échauffement des couches d'air en contact avec le sol, et par conséquent moins denses.

153. — Qu'est-ce qu'un prisme ?

C'est un milieu diaphane compris entre deux faces planes formant angle dièdre.

154. — Quelle est la propriété du prisme ?

Non seulement de dévier la lumière, suivant les lois de la réfraction, mais encore de la décomposer, ce qui s'explique en admettant que le rayon lumineux se compose de plusieurs rayons colorés, qui ont chacun une réfrangibilité différente.

155. — Quelles sont les nuances du spectre solaire ?

Violet, indigo, bleu, vert, jaune, orangé, rouge, séparés par des raies obscures, ce qui indique que des couleurs intermédiaires ont dû être absorbées dans leur passage soit à travers l'atmosphère, soit à travers le prisme.

156. — Peut-on recombiner ces différentes couleurs?

Oui, en les faisant repasser par un second prisme de même substance et placé en sens contraire du premier, ou encore en imprimant une rotation rapide à un disque sur lequel sont peintes en secteurs les sept couleurs primitives (disque de Newton). Evidemment, quand la lumière se meut avec une certaine rapidité, l'œil n'est pas capable d'en saisir les différences.

157. — Les autres foyers de lumière donnent-ils des spectres?

Oui, mais avec des différences : 1° La lumière électrique donne un spectre caractérisé par des bandes très brillantes, l'arc étant formé de particules solides vaporisées. Les corps gazeux incandescents fournissent un spectre discontinu, les couleurs sont séparées par des raies lumineuses caractéristiques. Enfin si des corps solides sont sur le trajet de la lumière, sans la reproduire, les raies deviennent obscures. D'où cette loi que les corps absorbent la lumière qu'ils émettent, en d'autres termes, que le pouvoir absorbant est égal au pouvoir émissif ; 2° Les flammes produites par des corps gazeux, celle de nos bougies, de nos lampes donnent toujours des spectres continus, dans lesquelles certaines parties ont seulement une intensité prédominante.

158. — A quoi tient la couleur des objets ?

En ce qu'ils sont constitués pour absorber toutes les couleurs de la lumière, excepté celle qui vient frapper nos yeux.

159. — Qu'appelle-t-on couleur complémentaire ?

Une couleur qui, jointe à une autre, donne la couleur blanche. Ainsi le rouge avec le vert, le jaune avec le bleu. (Applications remarquables dans l'industrie grâce aux travaux de Chevreul.)

160. — Qu'entend-on par lumière diffuse ?

C'est la lumière qui résulte de la réflexion des rayons solaires sur tous les objets de la terre. Chaque objet en réfléchit un différent, et en différente direction ; ils se réunissent tous dans l'air et forment ce que nous appelons diffusion de la lumière.

161. — Qu'est-ce qu'une lentille ?

C'est un milieu diaphane compris entre deux portions de surfaces sphériques qui se coupent ou restent juxtaposées.

162. — Combien y a-t-il de sortes de lentilles ?

Deux sortes : 1° lentilles convergentes, bi-convexes, plan-convexes, convexes-concaves ; 2° lentilles divergentes, bi-concaves, plan-concaves, concaves-convexes.

163. — Comment s'opère la réfraction dans les lentilles convexes ?

1° L'objet placé devant une lentille bi-convexe, au-delà du double de la distance focale principale, donne une image réelle, renversée, plus petite que l'objet et placée entre le foyer principal et deux fois la distance de ce foyer à la lentille ; 2° l'objet étant au double de la distance focale, l'image est à la même distance, réelle, renversée, mais de même grandeur ; 3° l'objet étant à une moindre distance que la double distance focale, l'image est au-delà de cette double distance de l'autre côté, toujours réelle, renversée, mais plus grande que l'objet ; 4° l'objet placé au foyer principal n'a pas d'image : ses rayons sont parallèles ; 5° l'objet étant placé entre le foyer et la lentille, l'image devient virtuelle, droite, plus grande que l'objet et derrière lui.

164. — Comment s'opère la réfraction dans les lentilles bi-convexes ?

L'image d'un objet, fournie par une lentille bi-convexe varie suivant les diverses positions de l'objet, elle peut être réelle et plus petite que l'objet, réelle et plus grande, (ces deux images sont renversées) enfin, elle peut être droite, virtuelle et plus grande que l'objet.

165. — Comment se fait la vision ?

L'œil est le premier et le plus parfait des instruments d'optique. Nous renvoyons à notre manuel d'histoire naturelle pour la description des divers milieux de l'œil. Nous dirons seulement que ces milieux réfringents jouent le rôle d'une lentille convergente qui fournirait sur la rétine une image renversée des objets.

166. — Qu'appelle-t-on l'accomodation ?

L'œil ne peut voir simultanément et avec netteté des objets lointains et des objets rapprochés. Le muscle ciliaire modifiant la courbure du cristallin permet à l'image des objets tantôt rapprochés tantôt éloignés de se produire nettement sur la rétine ; c'est l'accomodation.

167. — Qu'est-ce qu'un œil normal, brachymétrope, hypermétrope ?

L'œil normal peut voir distinctement les objets depuis l'infini jusqu'à une distance appelée minimum de la vision distincte (environ 15 centimètres). L'œil brachymétrope ou myope ne voit pas distinctement les objets situés au-delà d'une certaine distance, en revanche la distance minima de la vision est moindre pour le myope que pour l'œil emmétrope ou normal. L'œil presbyte est le contraire du myope ; il voit distinctement à l'infini ; mais le minimum de la vision distincte est plus grand que pour l'œil normal. Le premier défaut tient à une courbure trop grande du cristallin, le second à un aplatissement. On y remédie par des bésicles divergentes pour le premier, convergentes pour le second.

168. — Qu'est-ce qu'une loupe ?

C'est une lentille convergente qui fonctionne comme oculaire, c'est-à-dire qu'on place devant l'œil pour obtenir une image virtuelle et amplifiée des petits objets. On l'appelle encore microscope simple.

169. — Quel est le jeu de cet instrument?

On place l'objet *entre* le foyer principal et la lentille, et, par l'effet de la réfraction des rayons qui en émanent, on le voit sous un angle beaucoup plus grand, par conséquent beaucoup plus considérable qu'il n'est réellement. Une construction géométrique le montre évidemment.

170. — Qu'est-ce que le microscope composé ?

Il se compose d'un objectif ou lentille convergente qui donne d'un objet une image réelle déjà agrandie, et d'une loupe ou oculaire avec lequel on regarde cette image en l'agrandissant encore. Car on s'arrange à ce qu'elle tombe entre le foyer et la loupe, comme dans le microscope simple.

171. — Qu'est-ce que la lunette astronomique ?

Elle se compose comme le microscope composé, d'un objectif qui donne une image réelle des objets lumineux, et d'un oculaire qui fonctionne comme une loupe et donne une image virtuelle. Comme il est impossible de changer la distance des objets, on fait mouvoir l'oculaire pour l'adapter aux différentes vues.

172. — Qu'est-ce que la lunette de Galilée ?

Un instrument composé d'un objectif convergent et d'un oculaire divergent qui doit, ainsi que son plan focal se trouver en avant du plan focal de l'objectif. Elle donne une image virtuelle droite des objets lointains. La mise au point se fait en enfonçant ou en retirant l'oculaire jusqu'à vision nette.

173. — Qu'entendez-vous par télescope ?

Ce nom se donne à des instruments destinés à la vision d'objets éloignés. Dans cette lunette, on remplace l'objectif par un miroir sphérique concave (lunette de Newton) qui produit une image réelle et renversée. Cette image est reçue par un petit miroir ; on la regarde, en la grossissant, avec un oculaire placé de l'autre côté du tube de la lunette.

174. — Comment mesure-t-on l'intensité des sources lumineuses ?

Au moyen d'instruments appelés photomètres. On trouve que pour une source l'éclairement varie en raison inverse du carré de la distance ; que pour deux sources le rapport d'intensité est égal au rapport du carré des distances.

175. — La lumière agit-elle sur les corps ?

Oui, elle combine certains corps (chlore et hydrogène), elle en décompose d'autres (sels d'argent).

176. — N'a-t-on pas appliqué cette propriété ?

On l'a appliquée à la daguerréotypie et à la photographie.

177. — Donnez une idée de la daguerréotypie ?

On prend une plaque de verre recouverte d'une lame d'argent iodée que l'on porte dans la chambre noire à la place de l'écran. Au bout d'un temps variable, l'iode est attaqué ; on développe l'image à la vapeur de mercure ; on lave ensuite à l'hyposulfite de soude et enfin au chlorure d'or.

178. — Comment se fait la photographie ?

En deux opérations principales : par l'une

on obtient l'image *négative*, par l'autre, l'image *positive*.

179. — Comment se fait l'image négative?

On prend une glace sur laquelle on applique une couche de collodion chargé d'iodure de potassium, et plongée ensuite dans une solution d'azotate d'argent ; on la porte dans la chambre noire ; au bout de quelques secondes, l'image est faite. On la fixe en la passant successivement dans du sulfate de protoxyde de fer et de l'hyposulfite de soude. C'est le *cliché*. — Il y a beaucoup de perfectionnements apportés à cette méthode primitive.

180. — Comment se fait l'image positive?

On prend du papier albuminé et salé qu'on étend sur la surface d'un bain de nitrate d'argent, ce qui forme du chlorure d'argent. Quand il est sec on le recouvre du cliché renversé et on expose à la lumière. Après un temps variable, on le trempe dans un bain d'hyposulfite de soude avec un peu de chlorure d'or. On sèche ensuite, on gaufre et on vernit.

181. — Qu'entend-on par chaleur rayonnante?

Une chaleur qui franchit directement des intervalles plus ou moins considérables, sans échauffer les corps qui peuvent se trouver sur son passage.

182. — Comment la chaleur se propage-t-elle ?

En droite ligne, comme la lumière, ce dont on peut se convaincre par une expérience qu'on imagine aisément (miroirs conjugués).

183. — Tous les corps laissent-ils échapper des rayons calorifiques ?

Oui, c'est ce qu'il faut comprendre quand on dit que les corps se refroidissent. Il est évident que le plus chaud en émet plus que celui qui l'est moins, jusqu'à ce qu'il y ait équilibre entre tous les corps. L'émission continue, mais la chaleur reste constante.

184. — Qu'appelle-t-on pouvoir émissif d'un corps ?

La quantité de chaleur émise pendant l'unité de temps par l'unité de surface du corps.

185. — Quel rapport existe entre le pouvoir émissif et le pouvoir absorbant ?

Un rapport d'égalité. C'est ce qui explique pourquoi les vêtements noirs sont chauds en hiver, et les vêtements blancs sont frais en été.

ÉLECTRICITÉ & MAGNÉTISME

186. — Comment se développe l'électricité?

Par le frottement, par le contact des métaux, par les combinaisons chimiques, par l'action des aimants. Le premier mode est le plus anciennement connu.

187. — Y a-t-il plusieurs espèces d'électricité?

On en distingue deux sortes, car si l'on frotte successivement un bâton de résine et un bâton de verre, l'électricité de l'une est différente de celle de l'autre. On le prouve avec le pendule électrique, petite balle de sureau suspendue à un fil de soie attaché à un support de verre bien sec. On le touche avec un corps électrisé quelconque; puis on lui présente alternativement un bâton de verre et un de résine, frottés tous deux avec de la laine; elle est repoussée par l'un, attirée par l'autre. L'électricité du verre est dite positive, celle de la résine négative.

188. — Quelles sont les lois de l'électricité?

C'est que les fluides de même nom se repoussent et ceux de nom contraire s'attirent.

189. — Tous les corps prennent-ils l'électricité?

Oui, mais ils la laissent passer plus ou moins facilement; de là, la distinction en corps bons conducteurs et corps mauvais conducteurs. Les métaux sont de bons conducteurs. La résine, le verre, la porcelaine, etc., sont mauvais, aussi s'en sert-on pour isoler.

190. — Qu'entend-on par électricité par influence?

C'est celle qui se manifeste sur un corps conducteur par le seul fait de la présence suffisamment proche d'un corps électrisé. Cette électricité est toujours, en vertu de la loi énoncée n° 188, de nom contraire de celle du corps électrisant.

191. — Qu'entend-on par électroscope?

Un instrument qui sert à faire reconnaître la présence de l'électricité sur un corps, et la nature de cette électricité. Il se compose d'un conducteur métallique supporté par une cloche formant support isolant. Le conducteur se termine au dehors par un bouton arrondi, au dedans par une pince supportant deux feuilles d'or. On électrise par influence le conducteur; le fluide opposé est refoulé vers les deux feuilles qui s'écartent : on touche avec le doigt le conducteur pour soutirer l'électricité contraire à celle des feuilles; alors, si on présentant un corps électrisé les feuilles se rapprochent ou s'écartent davantage, on dit que ce corps est chargé d'électricité de nom contraire ou de même nom.

192. — Qu'est-ce que l'électrophore?

Un gâteau de résine coulé dans un moule en bois. On l'électrise négativement avec une peau de chat bien sèche, puis on pose dessus un disque métallique, porté par un manche isolant, et on touche ce disque avec le doigt. L'électricité négative s'écoule dans le sol par l'intermédiaire de l'opérateur et le disque est électrisé positivement.

193. — Qu'est-ce que la machine électrique?

Un appareil destiné à produire de l'électricité. Il se compose d'un plateau de verre tournant entre deux montants verticaux armés de deux paires de coussins, l'une au-dessus, l'autre au-dessous. Le plateau est électrisé positivement, les coussins négativement. A côté de la roue se trouve un conducteur en cuivre supporté par des pieds isolants. Ce conducteur, électrisé par influence, est le réservoir de l'électricité. Il faut observer qu'on fait communiquer les coussins avec le sol, afin d'augmenter la charge et supprimer l'influence inverse que le fluide négatif exercerait sur le conducteur. — Il y a beaucoup d'autres machines que nous ne décrirons pas parce qu'elles sont en usage seulement dans les laboratoires.

194. — Qu'est-ce qu'un condensateur?

C'est un appareil composé de deux disques métalliques séparés par une lame isolante ordinairement de verre. On met l'un des disques en communication avec la machine électrique, l'autre avec le sol. Le plateau de la machine étant mis en mouvement, le fluide positif s'accumule sur l'armature positive et le fluide négatif sur l'autre armature. Le premier vient de la machine, le second se développe par influence. L'accumulation est d'autant plus grande que la lame isolante est plus mince et les disques plus grands.

195. — Qu'est-ce que la bouteille de Leyde?

C'est un condensateur composé d'un flacon en verre remplissant le rôle de lame isolante dans le condensateur. Il y a une feuille d'étain sur la surface, faisant l'office du disque supérieur, et des feuilles d'or à l'intérieur remplaçant le disque inférieur.

197. — Qu'entend-on par batterie électrique?

C'est un certain nombre de bouteilles de Leyde mises entre elles en communication, ce qui en multiplie la puissance.

198. — Qu'est-ce que la foudre?

Un phénomène électrique dont voici l'explication. Les nuages sont, dans les temps d'orage, électrisés différemment. Quand deux nuages de noms contraires passent assez près l'un de l'autre, l'électricité négative attire la positive, elle se combinent ; cette combinaison produit à la fois une étincelle qui est l'éclair et un bruit qui est le tonnerre.

199. — Qu'entend-on par pouvoir des pointes ?

L'électricté, ainsi qu'on l'a dit plus haut, se répand uniformément à la surface des corps conducteurs, sphériques ou cylindriques, la tension est faible, mais pour les arrêtes ou les pointes la tension est très forte et l'électricité s'écoule dans l'air.

200. — Qu'est-ce que le paratonnerre ?

Une pointe dressée sur le sommet des édifices. Elle empêche l'accumulation du fluide de nom contraire à celui du nuage, rend impossible le choc direct et le choc en retour et affaiblit la tension du nuage, si celui-ci est très bas. On sait que le pouvoir des pointes a été trouvé par Franklin.

200. — Qu'est-ce que la pile de Volta ?

Elle est formée d'un nombre quelconque d'éléments constitués par un disque de zinc et un disque de cuivre séparés par une rondelle de drap acidulé. Volta remarqua en effet qu'en contact de cette façon les métaux dégageaient de l'électricité. Le fluide positif se dirige du côté du cuivre et le fluide négatif du côté du zinc. Des fils isolants attachés, l'un au premier disque de zinc, l'autre au dernier disque de cuivre, permettent de former le courant et de produire les effets désirés.

202. — Quelles sont les piles perfectionnées ?

Les piles à deux liquides : 1° la pile de Daniell, composée de zinc dans de l'eau acidulée, et de cuivre dans une solution saturée de sulfate de cuivre ; les deux liquides sont séparés par un diaphragme ou un vase poreux ; 2° la pile de Bunsen, qui se compose de zinc plongeant dans l'eau acidulée par l'acide sulfurique, et un cylindre de charbon plongeant dans de l'acide nitrique.

203. — Qu'entend-on par courant électrique ?

C'est l'électricité qui se développe dans les piles voltaïques. L'électricité positive se réunit du côté du cuivre ou du charbon, l'électricité négative du côté du zinc.

204. — Quels sont les effets physiologiques de la pile ?

Sur un animal vivant elle produit soit une sensation douloureuse: soit une contraction suivant qu'elle porte sur les racines antérieures ou postérieures des nerfs. Sur un animal mort, elle produit des contractions musculaires et comme une imitation de la vie.

205. — Quels sont les effets calorifiques ?

Incandescence, fusion, volatilisation des fils métalliques placés dans le courant.

206. — Quels sont les effets lumineux ?

Etincelle entre les réophores rapprochés jaillissant au moment de leur séparation ; feu lumineux continu entre deux baguettes de charbons de cornue approchés au contact, puis séparés. — Lumière électrique.

207. — Quels sont les effets chimiques ?

Décomposition de l'eau ; l'hydrogène se dégage autour du pôle négatif, l'oxygène autour du pôle positif ; 2° elle décompose les sels métalliques ; le métal se transporte au pôle négatif, l'acide ou l'oxygène au pôle positif.

208. — Qu'est-ce que la galvanoplastie ?

C'est l'opération électrochimique par laquelle on obtient, au moyen d'un courant électrique, sur une surface conductrice, un dépôt métallique, adhérent ou non adhérent. C'est l'application des propriétés chimiques de la pile.

209. — Quels sont les procédés employés pour la galvanoplastie ?

Si la matière est en métal, on le décape, on le plonge dans un bain de sel métallique attaché au fil négatif de la pile, et, pour conserver la saturation du sel, on y tient plongée une lame du métal du sel qu'on nomme l'*électrode soluble*. Si la matière n'est pas métallique, on la rend bonne conductrice en la couvrant de plombagine. Pour dorer, on prend du chlorure d'or, associé à du chlorure de potassium ; pour argenter, du cyanure d'argent et du cyanure de potassium ; enfin pour cuivrer, on emploie le sulfate de cuivre.

210. — Qu'est ce que l'aimant naturel?

Un oxyde de fer qu'on trouve dans la nature ($Fe^3 O^4$) et qui a la propriété d'attirer la limaille de fer. On peut, par des procédés particuliers, aimanter des barres de fer doux. On les appelle alors aimants artificiels.

211. — Qu'entend-on par pôles des aimants?

Quand on plonge un barreau aimanté dans de la limaille de fer, on remarque que les grains s'attachent autour des deux extrémités : ce sont ces extrémités qu'on appelle pôles magnétiques.

212. — Ces pôles sont-ils de même nature?

Non. Si l'on suspend horizontalement par un fil un barreau aimanté, on le voit prendre et garder une direction fixe, à peu près celle du nord au midi. Si l'on fait la même expérience avec un autre barreau et que l'on approche ensuite les deux pôles nord, on les voit se repousser ; si c'est le pôle nord et le pôle sud, on les voit s'attirer : on en conclut que, comme pour l'électricité, les pôles de nom contraire s'attirent.

213. — Qu'est-ce que la déclinaison magnétique ?

C'est l'angle que la direction de l'aiguille en équilibre fait avec le méridien d'un lieu. La déclinaison est donc orientale ou occidentale selon que le pôle nord de l'aiguille oscille vers l'est ou vers l'ouest.

214. — Qu'est-ce que l'inclinaison magnétique ?

C'est l'angle que l'aiguille en équilibre fait avec l'horizon dans le plan du méridien magnétique. Le méridien magnétique est le plan qui passe par la direction horizontale de l'aiguille aimantée.

215. — N'y a-t-il pas des instruments pour mesurer ces angles ?

Oui, on les appelle boussoles : il y a donc la boussole d'inclinaison et la boussole de déclinaison. Dans celle-ci, l'aiguille oscille horizontalement ; dans celle-là, elle oscille verticalement.

216. — Quels sont les différents procédés pour aimanter ?

1° La simple touche. Elle consiste à frotter le barreau à aimanter avec un aimant, mais toujours dans le même sens ; 2° la double touche séparée. Les pôles aimantants sont posés au milieu du barreau à aimanter et aimantent chacun, par simple touche, une des moitiés du barreau ; 3° double touche réunie. Les barreaux frottants sont liés entre eux, et partant du milieu, frottent ensemble le barreau dans les deux sens.

217. — Qu'est-ce que le galvanomètre ?

Un appareil propre à mesurer les courants électriques. Il est fondé sur la propriété qu'ont les courants de faire dévier l'aiguille aimantée à leur gauche ; mais si le courant entoure l'aiguille plusieurs fois, l'effet produit se multipliera par là même, et le courant le plus léger pourra se faire sentir. Le galvanomètre est, pour cette raison, encore appelé multiplicateur. On le construit avec une seule aiguille, ou mieux avec deux, afin de neutraliser autant que possible l'effet du magnétisme terrestre (système a-tatique).

218. — Qu'entend-on par électro-aimant ?

C'est un barreau de fer de la forme d'un fer à cheval et entouré d'un fil conducteur enroulé en spirale et dans lequel on lance un courant électrique. Le barreau s'aimante dans la proportion du nombre de tours que fait l'hélice. Cette expérience est la conséquence du principe sur lequel se fonde le galvanomètre.

219. — Sur quel principe repose la télégraphie électri u ?

Sur la propriété que possèdent les électro-aimants d'opérer une attraction sur une pièce de fer doux placée en face de leurs pôles, dès que le fil qui les environne est traversé par un courant, et de revenir inactif dès que ce courant est interrompu.

220. — Décrivez un appareil télégraphique ?

Il se compose : 1° d'une *pile* placée au point d'où doit partir la dépêche ; 2° d'une *ligne télégraphique*, pour établir la communication entre les points en correspondance ; 3° d'un appareil, appelé *manipulateur*, placé au point de départ qui permet d'interrompre et de rétablir le courant à volonté suivant des règles conventionnelles ; 4° d'un appareil placé au point d'arrivée, qu'on nomme *récepteur*, comprenant un ou plusieurs aimants, dans lesquels le courant développera le magnétisme, chaque fois qu'il leur sera transmis. Ces électro-aimants attireront alors ou laisseront échapper des lames de fer doux placées devant eux, ce qui, d'après certaines règles convenues, peut avoir une signification.

221. — Dites un mot de l'appareil Morse ?

Le manipulateur se compose d'un levier métallique soulevé par un ressort. Quand on manœuvre, on appuie sur ce levier qui communique avec le pôle positif, et met le courant en mouvement. Il suffit de faire varier la durée des contacts, ainsi que la durée des interruptions pour envoyer au récepteur des courants discontinus de durée variable et séparés par des intervalles également variables. La pièce importante du manipulateur est également un levier mobile autour d'un axe qui reproduit exactement le mouvement du levier manipulateur ; si d'une part une bande de papier se déroule lentement par un mouvement d'horlogerie, qu'on peut, du reste, arrêter à volonté, et que, de l'autre, le levier en action appuie sur une pointe contre le papier, on conçoit qu'on puisse, par des signes plus ou moins longs, marquer d'une manière durable la correspondance.

222. — N'a-t-on pas fait d'autres modifications ?

On a substitué l'encre d'imprimerie à la pointe qui demandait une force trop grande (Bréguet).

223. — Quelles sont les autres applications de l'électro-magnétisme ?

Grâce à la production d'électricité au moyen des électro-aimants, ce fluide est maintenant d'un usage courant, on l'applique à l'éclairage des villes et des ateliers, à la traction des voitures, etc , le téléphone permet à deux personnes de se parler de Paris à Bruxelles.

224. — Parlez du téléphone.

Le téléphone est fondé sur les lois de l'induction électrique. Inventé par Graham

Bell, il permet de transmettre à grande distance la parole articulée. Le principe de cet appareil consiste à faire produire au moyen des vibrations exercées par la parole sur une plaque vibrante des courants d'induction au moyen d'un aimant. La plaque réceptrice reproduit ces vibrations et émet des sons de même hauteur que ceux transmis par le transmetteur. Le timbre du son est aussi conservé, car les plaques vibrent non seulement au son, mais aussi à ses harmoniques. Le téléphone est d'un usage tellement courant que nous croyons inutile de le décrire. Mais il n'a été absolument pratique que par l'addition du microphone.

225. — Qu'est-ce que le microphone?

Un appareil inventé par Hughes et en même temps par Edison, perfectionné par M. Ader. Son but est d'amplifier l'intensité des sons, au point de faire percevoir distinctement le bruit produit par la marche d'une mouche. Le principe est fondé sur la production d'un courant induit, soit direct, soit inverse, par laquelle on substitue à la force électromotrice très faible de la pile, la force électromotrice d'induction qui est beaucoup plus grande. Pour la description de ces appareils, qu'il est impossible de résumer, voir un traité de physique (en particulier le remarquable ouvrage élémentaire de M. Pellat).

FIN

www.ingramcontent.com/pod-product-compliance
Ingram Content Group UK Ltd.
Pitfield, Milton Keynes, MK11 3LW, UK
UKHW031939260826
14628UKWH00004B/1727

9 782019 700386